Melanie Kuntzsch

Winkelsumme im Dreieck

GRIN Verlag

Bibliografische Information der Deutschen Nationalbibliothek:

Die Deutsche Bibliothek verzeichnet diese Publikation in der Deutschen National-
bibliografie; detaillierte bibliografische Daten sind im Internet über http://dnb.d-
nb.de/ abrufbar.

Dieses Werk sowie alle darin enthaltenen einzelnen Beiträge und Abbildungen
sind urheberrechtlich geschützt. Jede Verwertung, die nicht ausdrücklich vom
Urheberrechtsschutz zugelassen ist, bedarf der vorherigen Zustimmung des Verla-
ges. Das gilt insbesondere für Vervielfältigungen, Bearbeitungen, Übersetzungen,
Mikroverfilmungen, Auswertungen durch Datenbanken und für die Einspeicherung
und Verarbeitung in elektronische Systeme. Alle Rechte, auch die des auszugsweisen
Nachdrucks, der fotomechanischen Wiedergabe (einschließlich Mikrokopie) sowie
der Auswertung durch Datenbanken oder ähnliche Einrichtungen, vorbehalten.

Impressum:

Copyright © 2002 GRIN Verlag GmbH
Druck und Bindung: Books on Demand GmbH, Norderstedt Germany
ISBN: 978-3-640-41886-2

Dieses Buch bei GRIN:

http://www.grin.com/de/e-book/33655/winkelsumme-im-dreieck

GRIN - Your knowledge has value

Der GRIN Verlag publiziert seit 1998 wissenschaftliche Arbeiten von Studenten, Hochschullehrern und anderen Akademikern als eBook und gedrucktes Buch. Die Verlagswebsite www.grin.com ist die ideale Plattform zur Veröffentlichung von Hausarbeiten, Abschlussarbeiten, wissenschaftlichen Aufsätzen, Dissertationen und Fachbüchern.

Besuchen Sie uns im Internet:

http://www.grin.com/

http://www.facebook.com/grincom

http://www.twitter.com/grin_com

Unterrichtsentwurf für das Fach Mathematik

Lehrplaneinheit:	Dreiecke
Thema:	Einführung von Dreiecken anhand der Winkelsumme
Schule:	Johann-Peter-Hebel-Realschule
Klasse:	7d
Datum:	11.06.2002
Zeit:	10:30 bis 11:15 Uhr
Hochschule:	Pädagogische Hochschule Karlsruhe
Vorgelegt von:	Melanie Kuntzsch, II. Semester

1 Inhaltsverzeichnis

2 Pädagogische Analyse

2.1 Rahmenbedingungen

Die Johann-Peter-Hebel-Realschule liegt am Rande des Stadtteils W.. Zur Stadt W. gehören noch die Stadtteile K. und W. - insgesamt wohnen dort knapp 20.000 Einwohner, in dem Stadtteil W., in dem sich die Realschule befindet, wohnen ca. 1.400 Personen. Die Lage der Schule ist sehr schön, da sie direkt am Waldrand und neben den Sportanlagen und dem Schwimmbad liegt. Die Realschule hat ca. 700 Schülerinnen und Schüler, die auf ca. 25 Klassenzimmer aufgeteilt sind. Die Johann-Peter-Hebel Realschule ist sehr modern und gut ausgestattet – man findet in den hellen, großen Klassenräumen Tageslichtprojektoren, Geodreieck, Zirkel und vieles mehr vor. Für die Schüler ist auf dem Pausenhof auch an Abwechslung gedacht: es gibt Basketballkörbe, Tischtennisplatten und genügend Platz für sonstige sportliche Aktivitäten. Es werden auch diverse AGs angeboten wie zum Beispiel Maschinenschreiben, Schach, Informatik und Schwimmen.

2.2 Lernvoraussetzungen

In der Klasse 7d ist das Leistungsniveau in Mathematik relativ niedrig. Die Schüler sind eher ruhig und zurückhaltend – bezogen auf das Unterrichtsgeschehen. Sie fürchten sich größtenteils mitzuarbeiten aus Angst etwas Falsches zu sagen. Dies ist wahrscheinlich auf den sehr strengen Unterrichtsstil des Vorgängers in Mathematik zurückzuführen. Man muss die Schüler motivieren mitzuarbeiten und sie auch positiv verstärken, so dass sie ihre Angst vor dem Mathematikunterricht verlieren.

Die Schüler sitzen in mehreren Reihen mit Blick nach vorne, der Mittelgang ist frei – diese Sitzordnung ist für Frontalunterricht gut geeignet, aber für Gruppenarbeit müsste man erst die Tische umstellen. Auffällig ist die Sitzordnung der SchülerInnen der Klasse 7d: die Mädchen sitzen auf der rechten Seite des Mittelgangs und die Jungs sitzen auf der linken Seite – mit Ausnahme von zwei Mädchen, die ganz vorne auf der „Jungenseite" sitzen.

Der Ausländeranteil in dieser Klasse ist gering und es liegen auch keine Schwierigkeiten mit der deutschen Sprache vor. Insgesamt sind in der Klasse 26 Schülerinnen und Schüler.

3 Sachwissenschaftliche Analyse

3.1 Winkel

Ein Winkel wird von zwei Halbgeraden mit dem gemeinsamen Anfangspunkt S begrenzt. Der Punkt S heißt Scheitel, die Halbgeraden sind die Schenkel des Winkels. Derjenige Schenkel, der bei der Drehung gegen den Uhrzeigersinn den Winkel überstreicht, ist der erste Schenkel. Der andere ist der zweite. (1)

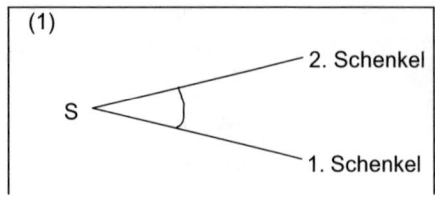

Es entstehen ein Innenwinkel α und ein Außenwinkel α'.

Winkel werden kurz mit kleinen griechischen Buchstaben bezeichnet: α (alpha), β (beta), γ (gamma), δ (delta), ε (epsilon), φ (phi)

Zwei Winkel, die den Scheitel und einen Schenkel gemeinsam haben und deren andere Schenkel sich zu einer Geraden ergänzen, heißen *Nebenwinkel, diese ergänzen sich zu 180°. (Beispiel:* Nebenwinkelpaare: α-β und γ-δ; α+ β = 180°).(2)

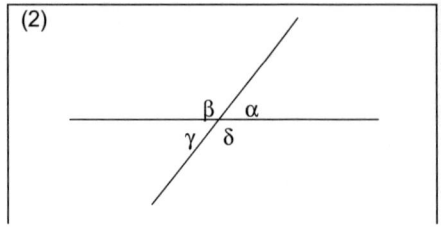

Zwei Schenkel, deren Schenkel paarweise Geraden bilden, heißen *Scheitelwinkel,* sie haben die gleiche Größe. (Beispiel: α-γ oder β-δ) (2)

Werden zwei Parallelen durch eine Gerade geschnitten, so entstehen vier *innere Winkel* (α', β', γ und δ) und vier *äußere Winkel* (α, β, γ' und δ'). Ein innerer und ein äußerer Winkel auf derselben Seite der Schnittgeraden heißen *Stufenwinkel*paar (α und α'). Zwei innere (oder äußere) Winkel auf verschiedenen Seiten der Schnittgeraden heißen ein Paar von *Wechselwinkeln* (α' und γ oder δ' und β). (3)

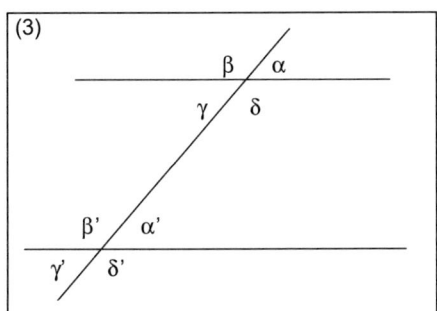

3.2 Dreieck

Ein Dreieck ist eine Fläche. Es wird durch drei Eckpunkte festgelegt, die nicht auf einer Geraden liegen. In einem Dreieck bezeichnet man üblicherweise die Eckpunkte mit A, B und C, die Seiten mit a, b und c und die Innenwinkel mit α, β und γ. Die Seite a liegt dem Eckpunkt A, die Seite b dem Eckpunkt B und die Seite c dem Eckpunkt C gegenüber (Bezeichnungen entgegen dem Uhrzeigersinn). α ist der Innenwinkel bei A, β bei B und γ bei C.

Im Dreieck beträgt die Summe der Innenwinkel 180°, begründet durch die Wechselwinkelpaare α und α' und β und β'. Es entsteht ein gestreckter Winkel mit 180°. So kann man eindeutig sehen, dass die Innenwinkelsumme im Dreieck 180° beträgt. (4) Zur Berechnung der Innenwinkel müssen zwei Winkel bekannt sein. Aus der Gleichung $\alpha + \beta + \gamma = 180°$ folgt $180° - \alpha - \beta = \gamma$ usw.

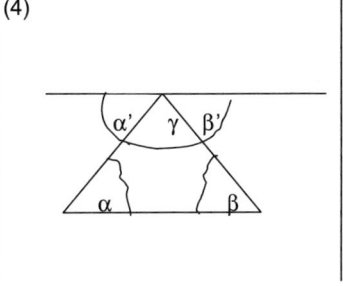

Jeder Außenwinkel ist so groß wie die Summe der nichtanliegenden Innenwinkel.

Ein Dreieck heißt *spitzwinklig*, wenn alle drei Dreieckswinkel kleiner als 90° sind, es heißt *stumpfwinklig*, wenn es einen stumpfen Winkel (zwischen 90° und 180°) hat. Ein Dreieck heißt rechtwinklig, wenn es einen Innenwinkel mit 90° besitzt.

Ein Dreieck in dem wenigstens zwei Seiten gleich lang sind, heißt gleichschenkliges Dreieck. Die beiden gleich langen Seiten heißen Schenkel und die dritte Seite heißt Basis. Die der Basis anliegenden Winkel heißen Basiswinkel.

Ein Dreieck, in dem alle drei Seiten gleich lang sind, heißt gleichseitiges Dreieck.

4 Didaktische Analyse

Dreiecke begegnen den Schülerinnen und Schüler täglich in ihrem Umfeld in Form von Dächern, Fenstern und vieles mehr. Die typische Eigenschaft eines Dreiecks, dass es aus drei Seiten besteht, wird von den Schülern mehr oder weniger bewusst wahrgenommen. In der sechsten Klasse behandeln die Schüler bereits Winkel und messen diese. Sie müssten wissen, wie man einen Winkel misst und ausserdem müssten Begriffe wie Stufen- und Wechselwinkel bekannt sein.

Im Bildungsplan für Realschulen in Baden-Württemberg in der 7. Klasse im Fach Mathematik findet man das Thema „die Winkelsumme im Dreieck" auf der Seite 176 in der Lehrplaneinheit 3 *Dreiecke*. Das Dreieck ist die wichtigste Grundfigur der Flächen. Für den weiteren Geometrieunterricht ist es deshalb sehr wichtig, dass die Schülerinnen und Schüler sicher damit umgehen können.

Das exemplarische dieses Themenbereichs ist der spätere Transfer auf die Vierecke und auf andere n-Ecke – man kann diese wieder in Dreiecke zerlegen und so auch hier fehlende Winkel ausrechnen. Man kann sehr gut nach dieser Einführung des Winkelsummensatz, die Dreiecke anhand ihrer Winkel klassifizieren. (rechtwinklig, spitz- und stumpfwinklig). Anhand des Winkelsummensatz werden die Schülerinnen und Schüler auch geschult, einen Beweis durchzuführen, anhand der Wechselwinkeleigenschaft. Dieser Beweis ist sehr einfach nachvollziehbar und die Schülerinnen und Schüler können dies entdeckend lernen, indem sie die Ecken der Basiswinkel abschneiden und oben am Eckpunkt C anlegen. Die Schülerinnen und Schüler werden ausserdem geschult, wie man die Eckpunkte, Seiten und Winkel bezeichnet und können dies auch bei anderen geometrischen Figuren anwenden. Sie benötigen diese Grundkenntnisse auch später wieder bei der Bearbeitung des „Satz des Pythagoras" und den Körperberechnungen (die meist als Grundflächen Dreiecke oder Vierecke haben).

Im Alltag verwendet man den Winkelsummensatz beispielsweise im Gartenbau oder bei der Raumvermessung. Schwierigkeiten sehe ich bei diesem Thema nicht in dem Schwierigkeitsgrad, da der Beweis des Winkelsummensatzes leicht nachvollziehbar ist, sondern eher in der Beteiligung der Klasse.

5 Methodische Analyse

Mein Thema ist die Einführung von Dreiecken. Es gibt mehrere Zugangsmöglichkeiten zu diesem Thema: man kann über die Klassifizierung der Dreiecke einsteigen zum Beispiel mit der Fragestellung „was ist ein recht-, spitz- oder stumpfwinkliges Dreieck?" oder auch über die Sonderformen zum Beispiel das gleichseitige oder das gleichschenklige Dreieck oder aber über den Innenwinkelsummensatz des Dreiecks. Ich habe mich für den Einstieg über den Innenwinkelsummensatz entschieden, da die Schülerinnen und Schüler so erst einmal das allgemeine Dreieck mit den allgemeingültigen Bezeichnungen kennenlernen – so können sie diesen Winkelsummensatz später auf die Sonderformen übertragen.

Als Einstieg in das Thema wird ein Dreieck an die Tafel gemalt und die Eckpunkte, die Seiten und die Innenwinkel werden beschriftet – falls möglich von den Schülern. Dann soll der Winkel α gemessen werden. Ich frage die Schülerinnen und Schüler, ob sie noch wissen wie man einen Winkel misst. Wenn ja, werde ich einen freiwilligen an die Tafel holen, und werde dies laut kommentieren, so dass die restliche Klasse noch eine Wiederholung der Winkelmessung hat. Falls sich niemand freiwillig meldet, werde ich an der Tafel demonstrieren, wie man einen Winkel misst und dies laut für alle erklären („Man setzt das Geodreieck mit dem Nullpunkt an den Scheitelpunkt, hier in diesem Falle der Eckpunkt A, und misst den Winkel – falls nötig kann man sich eine Hilfsgerade einzeichnen. Die beiden Halbgeraden heißen Schenkel). Die übrigen zwei Winkel β und γ werden von jeweils einem Schüler und einer Schülerin an der Tafel ausgemessen. Sie schreiben das Ergebnis an die Tafel und am Schluss werden die drei ausgemessenen Winkel addiert: die Summe beträgt 180°. Hier wähle ich bewusst das Klassengespräch, da die Schüler erst einmal sehen sollen wie man ein Dreieck bezeichnet und wie man die Winkel misst, so dass sie es dann selbständig im Heft nachmachen können. Nun zeichnen die Schülerinnen und Schüler ein beliebiges Dreieck in ihr Heft unter der Überschrift „Dreiecke" und beschriften dies nach der Vorgabe des Tafelbilds, so übt jeder Schüler die Bezeichnungen und wiederholt das Winkelmessen. Danach werden die Winkel wieder addiert. Nun werden mehrere Schüler und Schülerinnen nach ihrem Ergebnis befragt. Bei den meisten müsste ein Ergebnis von 180° +/- 3 ° rauskommen. Ich frage die Schülerinnen und Schüler, ob sie eine Vermutung haben. Falls ja oder nein, wird dies nun entdeckend ausprobiert: Ich habe auf ein buntes Blatt Papier ein Dreieck abgebildet, das nun ausgeteilt wird. Die Schülerinnen und Schüler sollen nun dieses Dreieck ausschneiden und dann die unteren Ecken (die Basiswinkel) abschneiden und mit den Eckpunkten an den oberen Eckpunkt anlegen, so dass ein Halbkreis entsteht. Ich mache dies an der Tafel an dem noch angezeichnetem Dreieck vor und zeige durch Linien, wo abgeschnitten werden soll und wie die Ecken hingelegt werden sollen. So wissen die Schülerinnen und Schüler wie sie verfahren sollen und entdecken durch das Ausschneiden der Winkel selbst, dass die Winkelsumme 180° ist.

Es soll eine Schülerin oder ein Schüler das Ergebnis an der Tafel anzeichnen. Die Schülerinnen und Schüler werden gefragt, was sie nun erkennen können an diesem ausgeschnittenen Dreieck. Man gelangt wieder zu dem Ergebnis, dass es sich hier um 180° handelt (gestreckter Winkel, Halbkreis). „Warum ist das so?" Vielleicht weiß einer der SchülerInnen noch was ein Wechselwinkel ist und kann dies damit begründen. Ansonsten kurze Wiederholung der Begriffe Nebenwinkel, Stufenwinkel und Wechselwinkel. Die Schülerinnen und Schüler kleben nun das ausgeschnittene Dreieck unter der Überschrift „Winkelsumme im Dreieck" in ihr Heft, darunter wird der Winkelsummensatz vermerkt - so haben sie den Beweis und das Wichtigste im Heft zum Nachschlagen.

Es werden die Übungsblätter ausgeteilt und die SchülerInnen bearbeiten verschiedene Aufgabentypen. Zuerst messen sie die drei Winkel im Dreieck nochmals aus und addieren diese, sie können sich so selbst kontrollieren, da das Ergebnis 180° sein muss. Dies dient der Festigung des Winkelmessens und soll nochmals den Aha-Effekt bewirken, dass es tatsächlich bei jedem Dreieck so ist. In dem zweiten Aufgabentyp errechnen die SchülerInnen den fehlenden Winkel anhand eines Dreiecks, in dem zwei Winkel eingezeichnet sind. Im dritten Aufgabentyp rechnen die SchülerInnen in einer Tabelle die fehlenden Winkel aus.

Als Zusatz ist die letzte Aufgabe gedacht: hier sollen die SchülerInnen in ein Koordinatensystem ein Dreieck anhand von drei angegebenen Punkten zeichnen und dann die Winkel wieder messen und selbst kontrollieren, ob das Ergebnis stimmt.

Die Ergebnisse werden kurz besprochen, dies dürfte nicht lange dauern, da man in den Aufgaben eine Art Selbstkontrolle hat durch den Winkelsummensatz. Bei Problemen werden jedoch die Aufgaben auch ausführlicher anhand einer Folie besprochen.

Falls noch genügend Zeit vorhanden ist, wird als Abschluss noch ein Kartenspiel – passend zum Thema – gespielt. Die Schülerinnen und Schüler bilden zweier Teams und spielen jeweils gegen zweier Teams. Jedes Team erhält zu Beginn sieben Karten. Auf diesen Karten sind Winkel in verschiedener Weise dargestellt: zum Beispiel fehlt bei einem Dreieck ein Winkel oder bei Geraden kann man durch die Angabe eines Winkels den gesuchten Nebenwinkels erschließen. Die Schülerinnen und Schüler müssen nun versuchen möglichst viele Tripletten (Dreierpaare) zu finden und diese dürfen dann abgelegt werden. Für jedes abgelegte Dreierpaar erhält dieses Team einen Punkt. Für jede abgelegte Triplette darf das Team zwei neue Karten aufnehmen. Dann darf ein Team eine Karte aufnehmen und muss weiterhin versuchen Tripletten zu bilden. Es wird eine Karte weitergegeben an das andere Team. Ziel des Spiels ist es möglichst viele Tripletten zu finden und wenn ein Team nur eine Karte hat ist das Spiel beendet. Dieses Spiel verlangt von den Schülerinnen und Schüler dass sie das Gelernte anwenden und auch auf andere Situationen übertragen.

6 Lernzielanalyse

6.1 Stundenziel:

Die Schülerinnen und Schüler sollen mit zwei bekannten Winkeln den dritten ausrechnen können.

6.2 Teilziele:

Die Schülerinnen und Schüler sollen

> ➢ Dreiecke skizzieren und normgerecht beschriften können,
> ➢ Winkel messen und addieren können,

- ➤ Die Vermutung formulieren können, dass die Winkelsumme im Dreieck 180° beträgt
- ➤ Dreiecke zerlegen und zusammensetzen können
- ➤ Erkennen, dass die drei Winkel im Dreieck 180° ergeben,
- ➤ Den Beweis begründen können durch die Wechselwinkelpaare
- ➤ Mit zwei vorgegebenen Winkeln den dritten, fehlenden errechnen können.
- ➤ Erkennen, dass Messen nicht immer sehr genau ist.

7 Analyse der Medien

1. Tafel
2. Heft
3. Buntes Papier mit Dreieck zum Ausschneiden
4. Arbeitsblatt
5. Folie zur Ergebnissicherung
6. Kartenspiel (wenn die Zeit reicht)

8 Verlaufsplan

Name:	Melanie Kuntzsch		Unterrichtseinheit:	Geometrie
Semester:	II			
Dozent:	Herr			
Mentor:	Herr		Thema der Stunde:	Winkelsumme im Dreieck
Schule:	Johann-Peter-Hebel-Realschule W.			
Klasse:	7d		Ziele der Stunde:	Die SchülerInnen sollen die Winkel im Dreieck
Fach:	Mathematik			messen und anhand des Winkelsummensatzes
Datum:	11.06.2002			auch berechnen können.

Zeit	Phasen/Ziele	Interaktionsverhalten	Sozialform	Medien
10:30 – 10:38 Uhr *8 min*	Wiederholungsphase/ Einstiegsphase	Lehrer malt Dreieck (beliebig) an die Tafel. Dreieck wird von den Schülern (wenn mögl.) beschriftet. Kurze Wdh. der Winkelmessung (Bezeichnung, Einheit und Scheitelpunkt/Schenkel), dann sollen die Schüler die Winkel messen und addieren. Sie ergeben zusammen 180°.	Klassen- Gespräch	Tafel
10:38 – 10:48 Uhr *10 min*	Erarbeitungsphase	Nun zeichnet jeder Sch. Ein beliebiges Dreieck ins Heft und misst die Winkel und addiert diese wieder. L. fragt mehrere Sch. nach dem Ergebnis. Es müsste bei allen ca. 180° rauskommen. Dann verteilt L. buntes Papier, das abgebildete Dreieck. Wird ausgeschnitten. Sch. Schneiden dann die Basiswinkel ab und	Klassengesprä ch, Partner-/ Einzel- Arbeit	Tafel Heft Buntes Papier mit einem

		legen sie an den Scheitelpunkt C. Dies ergibt ein Halbkreis, d. h. 180°. Sch. Kleben dies in ihr Heft. L. macht dies durch eine Zeichnung an der Tafel vor.		Dreieck Schere, Kleber
10:48 – 11:08 20 min	Übungsphase	L. teilt Arbeitsblatt aus und gibt Hilfestellung.	Partner- /Einzelarbeit	Arbeitsblatt
11:08 – 11:15 7 min	Ergebnissicherung	Besprechung der Lösungen, bei Problemen an die Tafel zeichnen HA. S. 90 Nr. 3 und 4	Klassen- Gespräch	Event. Tafel
Puffer	Abschluss	Winkelspiel: jeder Sch. Bekommt 7 Karten, er muss versuchen möglichst viele Tripletten zu finden, wer nur noch eine Karte hat ist Sieger.	2er bis 4 er Gruppen	Kartenspiel

9 Literaturverzeichnis

Griesel Heinz, Postel Helmut: Mathematik heute – Realschule 7, 1. Aufl., Hannover Schroedel Schulbuchverlag GmbH, 1995

Becherer Joachim: Einblicke Mathematik 7, 1. Aufl., Stuttgart, Klett-Verlag, 2001

Neubert Kurt und Wölpert Heinrich: Mathematik – Denken und Rechnen 7, 1. Aufl., Braunschweig, Westermann Schulbuch Verlage, 1995

Schröder Max: Welt und Zahl – Mathematik für Realschulen. Geometrie 7/8, Auflage 1994, Hannover, Schroedel Schulbuchverlag GmbH, 1985

Ottmann Anton: Geometrie 7. Schuljahr, 3. Aufl., Horneburg, Sigrid Persen Verlag, 1998

Holland Gerhard: Geometrie in der Sekundarstufe – didaktische und methodische Fragen, 2. Aufl., Heidelberg, Spektrum Verlag, 2001

Schmitt-Hartmann Reinhard: Mathe spielend lernen, Mathematik 7. Klasse, 1. Aufl., Stuttgart, Klett Verlag, 1999

Bildungsplan für die Realschule 3/1994

Reinhardt Fritz und Soeder Heinrich: dtv-Atlas zur Mathematik I und II. Tafeln und Texte, 7. Aufl., München, Deutscher Taschenbuchverlag, 1974